PETITE
AGRICULTURE CLASSIQUE

OU

TROIS CENT VINGT QUESTIONS

Mises à la portée des élèves des Ecoles primaires

PAR

DEBOUVRY

Instituteur public de 1re classe, à Wattrelos, Lauréat de plusieurs Sociétés.

LILLE

IMPRIMEUR-LIBRAIRE ET LITHOGRAPHE.

PETITE

AGRICULTURE CLASSIQUE

PETITE
AGRICULTURE CLASSIQUE

OU

TROIS CENT VINGT QUESTIONS

Mises à la portée des élèves des Écoles primaires

PAR

DEBOUVRY

Instituteur public de 1re classe, à Wattrelos, Lauréat de plusieurs Sociétés.

LILLE

HOREMANS, IMPRIMEUR-LIBRAIRE ET LITHOGRAPHE.

PRÉFACE

L'autorité scolaire, dont la sollicitude s'étend aux élèves de toutes les conditions et de tous les âges, a invité les instituteurs, par une circulaire du 23 juin 1862, à considérer les notions d'agriculture comme une partie intégrante du programme de l'instruction primaire. Grâce à cet appel honorable, grâce aussi aux récompenses décernées par différentes Sociétés, notamment par le Comice de l'arrondissement de Lille, les rapports officiels constatent que l'instruction agricole est en prospérité dans le département. Ce résultat était facile à prévoir. Hommes d'école, il était naturel que les instituteurs prissent intérêt à des choses d'école; chargés d'élever la jeunesse, il était tout simple qu'ils cherchassent à lui être, ici comme ailleurs, de quelque utilité. J'ai dû, pour ma part, m'occuper des leçons que je devais faire, sur cette branche d'enseignement, aux élèves d'une école nombreuse, et c'est pour l'usage des mêmes élèves que je donne aujourd'hui au résumé des mêmes leçons les honneurs de l'impression.

Telle est l'origine de la petite agriculture, que je mets humblement au jour; quoiqu'elle n'ait pas été destinée de prime abord à franchir la modeste enceinte de notre salle de classe.

La méthode interrogative étant appliquée avec succès à l'instruction religieuse, aux éléments de la grammaire et de l'arithmétique, aux premières notions de l'histoire, etc., j'ai cru devoir en user pour exposer les rudiments d'un art qui est regardé, à juste titre, comme le premier fondement de la richesse publique. En employant la forme catéchistique, il m'a été donné de présenter aux élèves, sous quelques questions, le texte ou précis de chaque leçon; ces connaissances essentielles, burinées dans leur mémoire par la récitation et développées dans les devoirs écrits, les serviront efficacement lorsqu'il s'agira pour eux de se livrer tout de bon aux opérations pratiques.

Ils ne faut pas oublier les explications verbales qui permettent heureusement de mêler une pensée pieuse et un bon conseil à tous les travaux de la vie classique. Les élèves apprennent à la leçon orale que si l'homme laboure et ensemence, Dieu seul fait germer, croître et mûrir.

Ils apprennent que le cultivateur actif, laborieux, économe, éprouve peu de déceptions et voit bientôt le succès lui sourire.

Ils apprennent que le bonheur est plus facile à trouver aux champs que partout ailleurs, parce qu'on y est plus sûrement à l'abri des distractions mauvaises, des tentations luxueuses et des dépenses inutiles.

Ils apprennent que les joies factices des villes ne sont rien près de la satisfaction que procurent la verdure et les fleurs des campagnes, rien près des cantiques et des ariettes qui se chantent sur des arbres, sur les haies et sur les buissons.

Ils apprennent que l'air pur des champs

fortifie la poitrine, et que là se trouvent les plus belles, les plus vertes vieillesses.

Ils apprennent enfin que « la campagne donne à celui qui lui reste fidèle, plus qu'aucun autre séjour, la santé, la paix, le contentement. »

L'instruction sommaire agricole, ainsi communiquée, est utile dans la double acception de ce mot; utile dans le sens religieux et moral comme dans le sens matériel; utile à l'âme, à l'intelligence, au caractère, aux mœurs, aussi bien qu'utile au travail, à l'intérêt, à l'aisance, à l'avenir des enfants qui remplissent les écoles primaires.

Je n'ai pas la ridicule prétention d'avoir renfermé dans le cadre étroit de ce petit livre, qui en est à peine un, tout ce qu'il convient d'enseigner en fait d'agriculture;

je n'ai cherché qu'à résumer les principes généraux que j'ai pu recueillir sur cette matière importante. Néanmoins, je crois qu'il y aurait lieu de se féliciter si beaucoup d'élèves, même dans un âge avancé, possédaient bien les notions qui s'y trouvent réunies.

PETITE

AGRICULTURE CLASSIQUE

Les trois règnes de la nature.

1. Qu'appelle-t-on corps ?

On appelle corps tout ce que l'on peut voir, sentir ou toucher. Un arbre, l'eau, l'air ; voilà des corps.

2. Qu'entend-on par corps simples ?

On entend par corps simples les corps qui ont toutes leurs parties de même nature, il en existe soixante environ.

3. Qu'entend-on par corps composés ?

On entend par corps composés ceux qu'on peut réduire en des substances douées de propriétés différentes, tels sont la potasse, le sel marin, etc.

4. Combien y a-t-il de règnes dans la classification des corps?

Trois règnes embrassent tous les corps de la nature : le règne animal, le règne végétal et le règne minéral.

5. Que comprend le règne animal?

Le règne animal comprend l'homme et tous les animaux.

6. Que renferme le règne végétal?

Le règne végétal renferme tous les végétaux, c'est-à-dire les herbes, les plantes et les arbres.

7. Et le règne minéral?

Le règne minéral comprend l'eau, la terre, les pierres et les métaux de toutes sortes.

8. Quelle différence y a-t-il entre les animaux, les végétaux et les minéraux?

Les animaux croissent, vivent, sentent et se meuvent; les végétaux croissent et vivent; les minéraux ne peuvent croître que par l'addition de quelques parties appelées molécules.

Les plantes et leurs organes.

9. Quels sont les principaux agents de la végétation?

L'air, l'eau et la lumière sont, avec la chaleur, les principaux agents de la végétation.

10. Qu'est-ce que l'air?

L'air est un mélange de plusieurs substances légères et invisibles appelées gaz, enveloppant la terre à une hauteur de 70 kilomètres à peu près.

11. Quels sont les gaz que l'on trouve toujours dans la composition de l'air?

Les gaz que l'on trouve toujours dans la composition de l'air sont la vapeur d'eau, l'acide carbonique, l'oxygène et l'azote.

12. Dans quelle proportion ces quatre gaz sont-ils mélangés?

Sur 100 litres d'air, on trouve approximativement 20 litres d'oxygène et 80 litres d'azote; la vapeur d'eau et l'acide carbonique ne forment qu'une minime fraction de l'atmosphère.

13. De quoi se composent les végétaux?

Cinq corps simples : l'oxygène, l'hydrogène, le carbone, l'azote et le phosphore forment environ les 0,9 des principes dont se composent les végétaux.

14. Par quel moyen les végétaux reçoivent-ils leur nourriture?

Les végétaux reçoivent leur nourriture par le moyen d'organes intérieurs ou souterrains appelés racines, et d'organes extérieurs ou aériens appelés tiges, branches et feuilles.

15. Qu'est-ce que les organes des plantes?

Les organes sont les instruments à l'aide desquels les plantes se nourrissent et se reproduisent; de là les organes de la nutrition et les organes de la reproduction.

16. Quels sont les organes de la nutrition?

Les organes de la nutrition sont 1° la racine, 2° la tige, 3° les feuilles.

17. Qu'est-ce que la racine ?

La racine est cette partie souterraine et décolorée qui attache la plante à la terre, et sert à lui donner la nourriture et la vie.

18. Quelles sont les différentes parties de la racine?

Les différentes parties de la racine sont le collet, le corps principal et le chevelu ou radicelles terminées par des espèces de suçoirs, appelés spongioles, qui puisent les substances nutritives contenues dans la terre.

19. Que concluez-vous de la faculté absorbante des spongioles ?

Puisque c'est par les spongioles, situées aux extrémités des radicelles, que le végétal prend sa nourriture, je conclus qu'il faut bien se garder, quand on plante un arbre, de couper les racines qui n'ont pas été rompues.

20. N'est-il jamais avantageux de couper l'extrémité des racines des plantes transplantées?

Lorsqu'il s'agit de plantes fibreuses ou chevelues, on peut raccourcir l'extrémité des racines et la partie supérieure des feuilles, afin de ralentir l'évaporation des organes aériens, laquelle ne serait plus en rapport avec le travail intérieur des organes souterrains. Cette opération a pour but d'équilibrer les proportions.

21. Qu'est-ce que la tige?

La tige est cette partie qui prend son accroissement hors de terre, et recherche l'air et la lumière.

22. Qu'est-ce que les feuilles?

Les feuilles sont ces parties planes qui naissent sur la tige ou les rameaux des plantes, et sont pour elles des espèces de poumons.

23. Comment s'accomplit la double fonction des feuilles?

Les feuilles absorbent, pendant la nuit, l'oxygène de l'air et rejettent, pendant le jour, ce qu'elles ont pris de trop; au contraire, elles absorbent, pendant le jour, le gaz acide carbonique qui se trouve rejeté pendant la nuit.

24. Quelle est l'influence du gaz acide carbonique sur les êtres animés ?

Pur, le gaz acide carbonique fait mourir promptement les êtres animés qui le respirent.

25. L'hygiène ne prescrit-elle rien à l'égard des plantes d'intérieur ?

Les plantes exhalant le gaz acide carbonique pendant la nuit, l'hygiène recommande de ne pas coucher dans une chambre close où se trouveraient des végétaux, des fleurs ou des fruits.

26. En quoi l'eau concourt-elle à la végétation ?

L'eau, sous forme de vapeur, fournit aux feuilles la plupart des substances qui entrent dans la composition des plantes ; de plus elle sert de véhicule à tout ce que les racines puisent dans le sol pour former la sève.

27. Qu'est-ce que la sève ?

La sève est le liquide qui nourrit les végétaux, comme le sang nourrit les animaux.

28. Comment se fait la circulation de la sève ?

La sève part des racines et fait croître le végétal en longeur en montant dans la tige, les branches et les feuilles ; alors elle descend pour concourir à l'accroissement en diamètre.

29. Comment s'opère l'ascension de la sève ?

La sève ascendante, appelée sève brute, monte directement et verticalement de la base au sommet des plantes.

30. Quelle conséquence déduisez-vous de la marche de la sève ascendante ?

C'est que l'ascension de la sève se fera avec plus de force dans une branche droite et verticale, que dans une autre qui sera courbée.

31. Par où se fait la descente de la sève ?

La sève descendante, appelée cambium, fait son

retour par les couches les plus extérieures de l'aubier et par celles du liber.

32. Où se trouve l'aubier?

Autour du corps ligneux composé de couches concentriques qui enveloppent la moëlle, on trouve une partie également ligneuse, mais plus blanche et moins dure : c'est l'aubier.

33. Qu'est-ce que le liber ?

Le liber est la partie la plus intérieure de l'écorce, il est formé d'un grand nombre de couches minces et fibreuses dont la réunion a été comparée aux feuillets d'un livre.

34. Donnez une preuve du passage de la sève descendante.

Pour avoir la preuve du trajet de la sève descendante, je fais une forte ligature à peu de distance du tronc d'un jeune arbre; il se formera bientôt, au-dessus de cette ligature, un bourrelet circulaire qui deviendra de plus en plus saillant, tandis que la partie inférieure de la tige cessera de s'accroître.

35. Quels sont les organes de la reproduction?

Les organes de la reproduction sont 1° la fleur, 2° le fruit, 3° la graine.

36. De quoi se compose la fleur ?

La fleur se compose du calice, de la corolle, des étamines et du pistil.

37. Qu'est-ce que le calice ?

Le calice est une enveloppe extérieure composée

de pièces nommées sépales, ordinairement d'une couleur verte comme les feuilles.

38. Qu'est-ce que la corolle ?

La corolle est cette enveloppe intérieure et brillante, formée d'une seule ou de plusieurs feuilles dont chacune est appelée pétale.

39. Qu'est-ce que les étamines ?

Les étamines sont de petits filets entourant le pistil et comprenant l'anthère, le pollen et le support.

40. Qu'est-ce que le pistil ?

Le pistil est cette partie qui, située au centre de la fleur, est destinée à former le fruit ; il comprend l'ovaire, le style et le stigmate.

41. Qu'est-ce que le fruit ?

Le fruit est l'ovaire parvenu à sa maturité ; il renferme le péricarpe et la graine.

42. Qu'est-ce que la graine ?

La graine est cette partie du fruit parfait qui renferme le corps destiné à devenir un nouveau végétal.

43. Comment la lumière agit-elle sur les plantes ?

Outre sa puissance d'attraction, la lumière donne de la solidité au tissu des plantes et de la coloration à leurs parties.

44. Comment s'assure-t-on de l'attraction de la lumière sur les plantes en végétation ?

Il suffit pour se convaincre de l'attraction de la

lumière d'observer, dans une serre, la direction des rameaux ou de voir, dans une cave, les pousses des pommes de terre s'avancer vers l'étroit soupirail par où s'introduit la clarté du jour.

45. Expliquez encore par un exemple les autres propriétés de la lumière.

Je lie une escarole ou je couvre de paille une plante quelconque : la végétation ne sera pas interrompue ; mais, au bout de douze ou quinze jours, les feuilles auront perdu leur couleur verte et seront devenues d'un blanc jaunâtre.

46. Quel est le rôle de la chaleur dans la végétation ?

La chaleur attire les sucs aspirés par les racines et les feuilles, pour les porter dans toutes les parties des végétaux.

47. A quoi attribuez-vous la vie inactive des végétaux pendant l'hiver ?

Le froid qui glace la sève dans les conduits des plantes, est la cause de la vie inactive des végétaux pendant l'hiver.

48. Peut-on donner la raison d'être des phénomènes de la vie végétale ou le pourquoi de leur existence ?

Non, la raison d'être des phénomènes de la vie végétale est un secret que Dieu s'est réservé. C'est une des merveilles par lesquelles le Créateur se rappelle sans cesse à l'homme, comme étant la source première de tous les biens.

Les terres cultivables, leurs éléments et leurs qualités.

49. Qu'est-ce que l'agriculture ?

L'agriculture est l'art de cultiver la terre dans le but de lui faire produire les plantes utiles à l'homme.

50. Qu'est-ce que le sol ?

Le sol est cette croûte supérieure de la terre dans laquelle croissent les plantes.

51. Qu'appelle-t-on terre végétale ?

La terre végétale est la portion du sol qui est propre à la production des plantes.

52. Qu'est-ce que la couche arable ?

La couche arable est l'épaisseur de la terre cultivée.

53. La profondeur de la couche arable influe-t-elle sur la qualité du sol ?

Plus un sol est profond, plus il est fécond ; car les plantes se développent beaucoup mieux et ne souffrent pas autant, de la sécheresse ou de l'humidité, dans un sol profond que dans un sol superficiel.

54. Quand un sol est-il réputé profond ?

Un sol est profond quand il est cultivé à une profondeur de 0, m 30 à 0, m 40.

55. Qu'est-ce que le sous-sol ?

Le sous-sol est la couche de terre placée immédiatement au-dessous du sol cultivable.

56. Le sous-sol influe-t-il sur la qualité du sol ?

Le sous-sol influe sur la qualité du sol, surtout lorsqu'il est près de la surface comme dans les sols superficiels.

57. Pour qu'un sol soit fertile, de quels éléments doit-il être composé ?

Pour qu'un sol soit fertile, il doit contenir de l'humus, de l'argile, du sable et de la chaux.

58. Qu'est-ce que l'humus ?

L'humus est une substance noirâtre produite par la décomposition des matières végétales ou animales.

59. Qu'arrive-t-il quand le sol renferme une trop grande quantité d'humus ?

Tout bon terrain doit contenir de l'humus, mais s'il en renferme une trop grande quantité les plantes y sont soulevées pendant l'hiver, et les récoltes de grains y versent fréquemment.

60. Qu'est-ce que l'argile ?

L'argile ou glaise est une terre onctueuse, douce au toucher et susceptible de prendre toutes les formes qu'on veut lui donner.

61. Quelles sont ses propriétés ?

L'argile retient l'eau avec force et se fendille en se desséchant.

62. Qu'appelle-t-on terre argileuse ?

Une terre argileuse est celle qui contient plus d'argile que de sable et de chaux.

63. Qu'est-ce que le sable ?

Le sable ou la silice est une substance pulvérulente et poreuse qui n'attire ni ne retient l'humidité, et dont les parties n'ont aucune cohésion entre elles.

64. Qu'appelle-t-on terre sablonneuse ou silicieuse ?

Une terre sablonneuse ou silicieuse est celle qui renferme plus de sable que d'argile et de chaux.

65. Terre calcaire ?

Une terre calcaire est celle où il se trouve plus de chaux que d'argile et de sable.

66. Qu'appelle-t-on terres franches ?

On appelle terres franches celles qui sont composées d'argile, de sable et de chaux dans de bonnes proportions; elles sont généralement brunâtres.

67. Qu'appelle-t-on terres fortes ?

On appelle terres fortes celles qui sont très-argileuses et compactes.

68. Terres légères ?

On appelle terres légères celles qui sont naturellement très-divisées et sans consistance.

69. Quelle est la substance minérale qu'on trouve dans presque tous les terrains et qui en fait la couleur ?

C'est le fer : uni à l'oxygène, le fer forme une matière terreuse rouge, jaune ou noire, et colore, en l'une ou l'autre de ces nuances, la plupart des champs

70. La présence du fer influe-t-elle sur la qualité des terrains?

Nuisible dans les sols humides, le fer ne l'est presque jamais dans les sols secs.

71. Pourquoi les terres noires sont-elles chaudes ?

Les terres noires sont chaudes parce qu'elles absorbent les rayons solaires, et conservent la chaleur.

72. Pourquoi les terres blanches sont-elles froides ?

Les terres blanches sont froides parce que la couleur blanche réfléchit les rayons solaires.

73. Qu'appelle-t-on exposition du sol ?

On appelle exposition du sol le point de l'horizon vers lequel est incliné un champ.

74. Quelles sont les meilleures expositions ?

L'exposition du midi corrige les défauts des terrains humides et froids, tandis que l'exposition du nord diminue ceux des terrains brûlants et secs.

La préparation du sol.

75. Quels sont les moyens d'améliorer les terres ?

Les moyens d'améliorer les terres sont le défrichement, l'épierrement, l'écobuage, l'assainissement et le drainage.

76. En quoi consiste le défrichement ?

Le défrichement consiste à mettre en culture une terre inculte.

77. Comment défriche-t-on les terrains incultes ?

On défriche les terrains incultes en donnant au sol plusieurs labours successifs assez profonds, pour que les racines soient soulevées.

78. En quoi consiste l'épierrement ?

L'épierrement consiste à délivrer le sol des pierres dont il est encombré.

79. En quoi consiste l'écobuage ?

L'écobuage consiste à brûler sur le terrain les herbages, les racines et les insectes nuisibles.

80. En quoi consiste l'assainissement ?

L'assainissement consiste à débarrasser le sol des eaux surabondantes.

81. Comment parvient-t-on à ce résultat ?

On assainit le sol en y pratiquant des fossés et des rigoles qui conduisent les eaux dans le ruisseau le plus voisin.

82. Quel est le sens du mot drainage?

Le mot drainage, emprunté à la langue anglaise, signifie écoulement des eaux stagnantes.

83. En quoi consiste-t-il ?

Le drainage consiste à dessécher le sol au moyen de tuyaux souterrains en terre cuite appelés drains.

84. Pourquoi l'eau stagnante nuit-elle à la végétation ?

L'eau stagnante nuit à la végétation parce qu'elle empêche l'air de pénétrer jusqu'aux racines.

85. Prouvez que la présence simultanée de l'air et de l'eau est presque impossible.

Je remplis un verre aux trois quarts d'une terre sèche, puis j'achève de le remplir d'eau.

86. Que se passe-t-il alors ?

Il se dégage alors une multitude de bulles d'air qui séparaient les particules de terre : la surabondance de l'eau les en a chassées.

87. Quels sont les effets du drainage ?

Le drainage augmente la fertilité des terres, et avance l'époque des récoltes.

88. Que produit-t-il encore ?

Le drainage diminue les émanations fétides des terres humides, et améliore ainsi l'état sanitaire des localités où il est en usage.

Les amendements.

89. Que signifie le mot amender ?

Le mot amender signifie corriger.

90. Qu'appelle-t-on amendements ?

On appelle amendements les substances qui servent à corriger le sol, sans rien fournir directement à l'alimentation des plantes.

91. Combien y a-t-il de sortes d'amendements ?

Deux sortes : les amendements modifiants et les amendements stimulants.

92. Quels sont les amendements modifiants ?

Les amendements modifiants sont l'argile et le sable.

93. Pourquoi sont-ils appelés amendements modifiants?

L'argile et le sable sont appelés amendements modifiants, parce qu'ils changent la nature du sol.

94. A quoi sert l'argile ?

L'argile donne aux terres sablonneuses plus de lien et de consistance.

95. A quoi sert le sable?

Le sable sert à diminuer la tenacité des terres argileuses.

96. Comment opère-t-on pour mélanger l'argile aux terres sablonneuses et le sable aux terres argileuses ?

Pour opérer ce mélange, on défonce la terre et on ramène à la surface une partie du sous-sol afin de le mêler avec le sol.

97. Le sous-sol permet-il ordinairement cette opération ?

Oui, car le sous-sol est souvent d'une autre nature que le sol.

98. Quels sont les amendements stimulants ?

Les amendements stimulants sont la chaux, la marne, le plâtre, les cendres, la terre des fossés, etc.

99. Qu'est-ce que la chaux ?

La chaux est une pierre cuite dans un four et devenue blanche et friable.

100. Quel effet la chaux produit-elle dans les terres ?

La chaux divise les terres argileuses, ameublit les terres compactes, donne de la consistance aux terres sablonneuses et produit des effets remarquables sur les terres froides.

101. De quelle manière faut-il employer la chaux?

On dépose la chaux, en petits tas, dans les champs où on la recouvre d'une mince couche de terre pendant 15 à 20 jours ; alors on la répand uniformément sur le sol, et on l'enterre par un labour superficiel.

102. Quelle est généralement la quantité de chaux employée par hectare ?

La quantité de chaux employée par hectare s'élève de 60 à 75 hectolitres.

103. Qu'est-ce que la marne ?

La marne est une terre calcaire propre à féconder les terres argileuses et sableuses.

104. Quelle influence la marne exerce-t-elle sur le sol ?

L'action de la marne sur le sol ressemble à celle de la chaux, mais elle est moins énergique et moins rapide.

105. Comment la marne s'emploie-t-elle pour amender le sol ?

Déposée sur les terres, pendant l'hiver, en petits

tas peu distants les uns des autres, la marne se répand au printemps et se mêle avec le sol par un labour de peu de profondeur.

106. Combien faut-il de marne par are ?

10 hectolitres de marne paraissent suffire. Employée à plus forte dose, la marne fait produire des récoltes abondantes qui diminuent la fertilité de la terre ; de là sans doute le proverbe : « La marne enrichit les pères et ruine les enfants. »

107. Après quel terme faut-il renouveler le chaulage et le marnage ?

Le chaulage doit se renouveler tous les dix ans, et le marnage tous les vingt ans.

108. Dans quels terrains peut-on employer la chaux et la marne ?

La chaux et la marne s'emploient dans tous les terrains dépourvus de principe calcaire.

109. Qu'est-ce que le plâtre ?

Le plâtre est une espèce de pierre pulvérisée que l'on répand sur les plantes, quand elles commencent à pousser.

110. Sur quelles plantes le plâtre exerce-t-il le plus d'effet ?

Le plâtre exerce un effet puissant sur les légumineuses, telles que le trèfle, la luzerne, le sainfoin.

111. Combien faut-il de plâtre par hectare ?

Deux à trois hectolitres de plâtre par hectare sont suffisants.

112. Quel est le grand homme qui a découvert les effets du plâtre ?

C'est le célèbre Franklin, né en 1706, à Boston, ville de l'Amérique septentrionale.

113. Quel est l'effet des cendres ?

Les cendres sont épuisantes et leur application doit être combinée avec celle des engrais.

114. Quelles sont les meilleures ?

Les cendres regardées comme les meilleures sont grises, blanchâtres et très-légères; celles qui sont rouges et brunes sont peu estimées.

115. Quel est le moyen d'améliorer la qualité des cendres ?

Les cendres sont d'autant plus abondantes et fertilisantes que le feu est peu actif, et que l'opération dure longtemps.

116. Comment emploie-t-on la terre des fossés ?

La terre des fossés s'emploie en la répandant sur les champs, ou en la mêlant préalablement avec du fumier.

117. L'emploi des stimulants dispense-t-il de fumer le sol ?

Les stimulants donnent de l'activité au sol, et le disposent à une végétation qu'il faut soutenir par des fumures.

Les engrais.

118. Qu'appelle-t-on engrais?

On donne le nom d'engrais à tous les débris animaux ou végétaux amenés à l'état de décomposition.

119. Les engrais sont-ils nécessaires aux plantes?

Oui, les engrais forment une partie de la nourriture des plantes.

120. Comment divise-t-on les engrais?

Les engrais se divisent en engrais animaux, en engrais végétaux, et en engrais mixtes ou formés du mélange des deux premiers.

121. Nommez les principaux engrais animaux.

La matière fécale, la colombine, le guano et le parcage sont les principaux engrais animaux.

122. Comment emploie-t-on la matière fécale?

La matière fécale est déposée dans une fosse où elle devient liquide, puis elle est répandue sur les champs en forme d'arrosage.

123. Quels sont les avantages des fosses à engrais liquides?

Le dépôt en fosse permet d'augmenter la qualité des engrais par la fermentation et leur quantité par l'addition d'autres matières, telles que les tourteaux et les urines.

124. Donnez un moyen de désinfecter les fosses à engrais liquides.

Quelques kilogrammes de sulfate de fer, dit aussi vitriol vert ou couperose verte, jetés, de temps en temps, par la lunette de la garde-robe, suffisent pour détruire l'odeur de la fosse.

125. L'addition du sulfate de fer n'a-t-elle pas encore un autre avantage ?

Le sulfate de fer empêche la volatilisation des matières ammoniacales qui se produisent pendant la fermentation, et conserve à l'engrais toute sa puissance.

126. A quelles plantes l'engrais liquide convient-il ?

Les plantes dans lesquelles on veut développer une végétation abondante et rapide, se trouvent bien de l'engrais liquide, car il est d'une assimilation facile et prompte ; il a même été appelé, pour cette raison, de la *sève toute faite*.

127. Faut-il employer l'engrais liquide en temps de sécheresse ?

Employé en temps de sécheresse ou de forte chaleur, l'engrais liquide, non affaibli par l'eau, désorganise les plantes et les brûle, selon l'expression vulgaire.

128. Serait-il convenable de soumettre exclusivement une terre à l'engrais liquide ?

Il serait imprudent de soumettre une terre à l'engrais liquide exclusif ; on doit y faire revenir, de temps en temps, le fumier de ferme.

129. Qu'est-ce que la poudrette ?

La poudrette est le résidu sec des matières fécales.

130. Combien faut-il de poudrette par hectare ?

La dose de poudrette est de 15 à 20 hectolitres par hectare.

131. Quel est le prix de la poudrette ?

Le prix de la poudrette du commerce varie de 3 à 6 francs l'hectolitre.

132. Les déjections humaines communiquent-elles une mauvaise odeur aux plantes qu'elles fécondent, et au bétail que ces plantes nourrissent ?

Non, des expériences ont démontré que l'engrais humain, liquide ou en poudre, ne communique ni aux plantes, ni au bétail qu'elles nourrissent, les inconvénients aromatiques que les préjugés leur attribuent.

133. Confirmez par un fait le résultat de ces expériences.

Une jeune vache fut exclusivement nourrie avec le fourrage provenant d'un terrain fumé uniquement d'engrais humain, elle mangea de bon appétit l'herbe qui lui fut présentée. Son lait, sa crême, son beurre, goûtés par plus de cent personnes, ont toujours été trouvés excellents ; ce même lait, analysé par les chimistes, a été reconnu posséder toutes les qualités du meilleur.

134. Qu'est-ce que la colombine ?

La colombine ou fiente de pigeon est un engrais

très-énergique, valant 10 à 12 francs les 100 kilogrammes.

135. Qu'appelle-t-on guano ?

Le guano est une accumulation des déjections et des débris même d'oiseaux déposés, depuis des siècles, sur les côtes de l'Amérique et de l'Afrique.

136. Quand faut-il appliquer le guano ?

Le guano se sème au printemps, soit à la volée, soit au semoir, après les grandes pluies, et, s'il est possible, par un temps couvert.

137. Combien faut-il de guano pour fumer un hectare ?

Il faut environ 300 kilogrammes de bon guano pour fumer un hectare.

138. Quel est le prix du guano ?

Le prix du guano, qui s'élève chaque année, est monté de 30 à 40 francs les 100 kilogrammes.

139 Comment faut-il conserver le guano ?

Il faut éviter de faire reposer les sacs de guano sur la terre, et les conserver dans des lieux parfaitement secs.

140. Le guano étant l'objet de fraudes nombreuses, indiquez un moyen d'en vérifier la pureté.

Un procédé approximatif consiste à brûler un peu de guano bien sec dans une cuiller de fer : s'il laisse plus d'un tiers de son poids en cendre, il y a falsification.

141. En quoi consiste le parcage?

Le parcage consiste à faire séjourner les moutons sur le champ que l'on veut fumer.

142. Quelles terres faut-il parquer de préférence?

Il faut parquer les terres légères et celles qui sont les plus éloignées.

143. Dites un mot des avantages et des inconvénients du parcage.

Avantages : le parcage rend la laine forte, peut concourir à la guérison du piétin, et dispense de l'emploi des litières.

Inconvénients : le parcage salit la laine et rend moins d'engrais que la bergerie.

144. Quels sont les engrais végétaux ?

Les engrais végétaux sont les récoltes enfouies en vert, les tourteaux, les résidus de brasserie, etc.

145. Quelles sont les plantes cultivées comme engrais vert ?

On cultive comme engrais vert les plantes dont la croissance est rapide et la graine à bas prix : la féverole, le seigle, le sarrasin, la navette, le trèfle incarnat, etc.

146. A quelle époque faut-il enfouir les engrais verts ?

Il faut enfouir les engrais verts au moment de la floraison, alors que les plantes chargées de sucs alimentaires se décomposent facilement, et n'ont que peu épuisé le sol.

147. Qu'appelle-t-on tourteaux ?

Les tourteaux ou pains d'huile sont les résidus secs des graines et fruits oléagineux dont on a exprimé l'huile.

148. Quels sont, dans le Nord, les tourteaux employés comme engrais ?

Les tourteaux employés, dans le Nord, comme engrais sont ceux de colza, de navette, de caméline et de lin.

149. Les tourteaux ne doivent-ils pas subir une préparation ?

Préalablement à leur emploi, les tourteaux doivent être pulvérisés, soit sous des meules, soit sous des machines à broyer.

150. Quand faut-il répandre les tourteaux et quelle est la durée de leur action ?

Les tourteaux doivent être répandus à la volée par un temps qui présage la pluie; leur action ne dure pas plus d'une année.

151. L'huile contribue-t-elle à la valeur du tourteau ?

Loin d'augmenter, comme on le croyait, la valeur fertilisante du tourteau, l'huile la diminue.

152. Comment désigne-t-on les engrais mixtes ou composés ?

Les engrais mixtes, mélangés de matières animales et végétales, se désignent sous le nom de fumiers.

153. A quels terrains conviennent le fumier de mouton et celui de cheval?

Le fumier de mouton et celui de cheval sont chauds, et conviennent aux terres froides.

154. Quel effet attribuez-vous au fumier d'étable ?

Le fumier d'étable est propre aux terres légères, il est d'un effet plus durable que les autres fumiers.

155. Quelles conditions la fosse à fumier doit-elle réunir ?

La fosse à fumier doit être exposée au nord, abritée de la sécheresse et éloignée convenablement de la maison d'habitation.

156. Que faut-il faire pour empêcher la perte du purin ?

Pour empêcher la perte du purin, il faut mettre au fond de la fosse une couche d'argile que l'on a soin de battre fortement.

157. Quand le fumier est transporté dans les champs, peut-on le laisser en tas?

Afin de prévenir toute nouvelle fermentation du fumier, il importe d'étendre, le plus tôt possible, les monceaux déposés dans les champs.

Les instruments aratoires

158. Qu'appelle-t-on instruments aratoires ?

On appelle instruments aratoires les instruments dont on se sert pour la culture du sol.

159. Quels sont les instruments aratoires les plus utiles ?

Les instruments aratoires les plus utiles sont la charrue, la herse, l'extirpateur, le scarificateur, le rouleau, la houe à cheval, le buttoir et le semoir.

160. Nommez les pièces principales de la charrue.

Les pièces principales de la charrue sont le coutre, le soc, le versoir, le sep, les mancherons et l'avant-train.

161. A quoi sert le coutre ?

Le coutre ou couteau sert à détacher verticalement la tranche de terre qui doit être renversée.

162. Qu'est-ce que le soc ?

Le soc est une pièce de fer qui coupe la tranche de terre horizontalement.

163. Quelle est la fonction du versoir ?

Le versoir soulève et renverse la tranche de terre séparée du sol par le coutre et le soc.

164. Qu'est-ce que le sep ?

Le sep est la base sur laquelle porte la charrue ; il glisse au fond du sillon, en appuyant contre la terre non labourée.

165. Qu'appelle-t-on mancherons ?

Les mancherons sont les pièces de bois qui servent à maintenir la charrue dans une marche uniforme.

166. A quoi sert l'avant-train ?

L'avant-train sert à appuyer la charrue et à atteler les animaux.

167. Dites un mot de l'araire.

L'araire contient les mêmes parties que la charrue, sauf l'avant-train, et permet de labourer plus près des arbres, des haies et des murs.

168. Quelle différence y a-t-il dans l'usage de ces deux instruments ?

Pour faire enfoncer le soc de la charrue à avant-train, on appuie sur les mancherons ; au contraire, on relève ceux de l'araire pour faire pénétrer le soc de ce dernier instrument.

169. Quelles sont les charrues les plus estimées ?

Les charrues les plus estimées sont la charrue Dombasle, qui produit la plus grande somme d'effet avec le moindre emploi de force ; la charrue dite de Brabant; celle de Rosé et celle de Grangé.

170. Qu'est-ce que la herse et à quoi sert-elle ?

La herse est une espèce de chassis armé de dents ; elle sert à ameublir la terre, à détruire les mauvaises herbes et à enterrer la semence.

171. Qu'est-ce que le scarificateur ?

Le scarificateur est une espèce de herse garnie de plusieurs coutres qui servent à fendre la terre dans un sens vertical.

172. Qu'est-ce que l'extirpateur ?

L'extirpateur est un instrument armé de coutres courbés en avant, au moyen desquels on extirpe les racines et les mauvaises herbes.

173. Qu'est-ce que le rouleau ? à quoi sert-il ?

Le rouleau est un cylindre de bois, de fonte ou de pierre ; il sert à briser les mottes de terre et à unir le sol.

174. Qu'est-ce que la houe à cheval ?

La houe à cheval est une sorte de petite charrue à un ou plusieurs socs en forme de houe plate, et servant à cultiver les plantes disposées par rangées.

175. Quels sont les avantages de la houe à cheval ?

La houe à cheval remplace avec économie les binages à la main, et fait le travail d'une vingtaine d'ouvriers ; elle offre conséquemment les moyens de multiplier les binages à peu de frais.

176. Qu'est-ce que le buttoir?

Le buttoir est un instrument garni de deux versoirs opposés, et servant à rejeter la terre d'un côté et de l'autre.

177. Quel est l'effet du buttage ?

Le buttage fournit aux plantes une nourriture plus abondante, et préserve les racines de la sécheresse.

178. Qu'est-ce que le semoir?

Le semoir est un instrument destiné à distribuer la semence avec plus de régularité et d'économie, qu'il n'est possible de le faire quand on sème à la main.

179. Quels sont les instruments de transport les plus utiles en agriculture ?

Les instruments de transport les plus utiles en agriculture sont les chariots, les charrettes et les tombereaux.

Le labour.

180. Quel est l'objet du labour ?

Le labour a pour effet de trancher, de retourner et de mélanger le sol, afin d'en diviser, d'en aérer toutes les parties, et d'aider ainsi aux décompositions et combinaisons utiles à la végétation.

181. Qu'appelle-t-on sillon?

Le sillon est la bande de terre retournée par la charrue.

182. Quelle est la largeur du sillon ?

La largeur du sillon ne doit pas excéder celle du soc, elle se règle aussi sur la profondeur du labour.

183. Quand le labour est-il à plat?

Le labour est à plat quand les sillons se succèdent sans endos ni dérayures.

184, Quand le labour est-il en planches?

Le labour est en planches quand les sillons sont en planches séparées par des dérayures.

185. Quand est-il en billons?

Le labour est en billons quand les planches sont formées d'environ 8 sillons.

186. Lorsqu'on donne deux labours successifs, quelle règle faut-il observer?

Il faut éviter de donner deux labours successifs à égale profondeur.

187. Quelle direction faut-il donner au labour?

Le labour doit se faire dans le sens de la plus grande longueur du champ, afin d'éviter la multiplicité des tournées et des dérayures.

188. Rappelez les conseils d'un père à ses enfants, au sujet du labour.

Creusez, fouillez, bêchez; ne laissez nulle place
Où la main ne passe et repasse.

Les principales cultures.

Céréales.

189. Comment divise-t-on les plantes?

Les plantes, selon leur destination, peuvent se diviser en deux classes : 1° les plantes qui servent à la nourriture de l'homme et des animaux, 2° les plantes industrielles.

190. Qu'appelle-t-on céréales?

Les céréales sont les plantes dont les produits, réduits en farine, peuvent servir à faire du pain.

191. Quelle est l'origine du mot céréales?

Le mot céréales dérive de Cérès, créature chimérique que les anciens païens regardaient comme la déesse des moissons.

192. Nommez les principales céréales.

Les principales céréales sont le blé ou froment, le seigle, l'orge, l'avoine, le millet, le maïs et le sarrasin.

193. Quand sème-t-on le blé?

La semaille du blé a lieu dans le cours du mois d'octobre.

194. Combien faut-il de semence par hectare?

On emploie ordinairement deux hectolitres de blé par hectare, si l'on sème à la main.

195. Est-ce que le blé est généreux?

Le blé d'automne rend par hectare 25 hectolitres environ, tandis que le blé de printemps n'en fournit que 15 à 18.

196. Peut-on calculer le rendement du blé d'après la quantité de gerbes?

Non, les années humides donnent beaucoup de paille et peu de grains, tandis que c'est le contraire quand la température est douce sans être trop sèche.

197. Quel est le poids de l'hectolitre de blé?

Le poids du blé est, en moyenne, de 77 kilogrammes par hectolitre.

198. Peut-on apprécier le poids de la paille?

Dans les années ordinaires, le poids de la paille est au moins double de celui du grain.

199. Quelle espèce de sol convient le mieux au blé?

Le blé d'automne demande un sol riche, compacte et un peu calcaire; le blé de printemps, un sol riche et humide.

200. Quand sème-t-on le seigle?

On sème le seigle dans le courant de septembre, parce qu'il a besoin de se fortifier avant l'hiver.

201. Quels sont les sols réservés au seigle?

Les sols légers, peu convenables pour le blé, sont réservés au seigle.

202. Qu'appelle-t-on méteil ?

On appelle méteil un tiers de blé et deux tiers de seigle, mélangés, semés et récoltés en même temps.

203. Quand sème-t-on l'orge ? combien faut-il de semence par hectare ?

On sème l'orge dans le mois d'avril, à raison de 250 à 300 litres de semence par hectare.

204. Quel est le sol le plus convenable pour l'orge ?

L'orge veut un sol meuble et profond.

205. Où se plaît l'avoine ?

L'avoine n'est pas exigeante : toutes les terres semblent lui convenir.

206. A quelle époque sème-t-on l'avoine ?

On sème l'avoine dès le mois de février ; les semailles faites de bonne heure sont souvent les plus productives.

207. Combien faut-il de semence par hectare ?

Il faut 3 hectolitres d'avoine pour ensemencer un hectare.

208. Quels sont les avantages du maïs ?

A la facilité qu'il a de réussir sur les sols médiocres, le maïs, mal nommé blé de Turquie, joint encore l'avantage d'être un très-bon fourrage.

209. Comment se sème-t-il ?

Cultivé pour le fourrage, le maïs se sème à la volée ; pour le grain, il se sème en lignes distantes de $0^m,80$.

210. Que sait-on du millet?

Le millet se sème vers la mi-avril, et n'est guère cultivé que comme plante fourragère.

211. Quand sème-t-on le sarrasin ou blé noir?

On sème le sarrasin dans le courant de mai, si on veut le récolter comme graine.

212. Combien faut-il de semence par hectare?

Il ne faut que 50 à 60 litres de sarrasin pour ensemencer un hectare.

213. Quel terrain demande le sarrasin?

Le sarrasin est complaisant : il se contente d'un terrain pauvre, pourvu qu'il soit bien ameubli.

Le sarrasin est originaire de Perse, il est ainsi appelé parce qu'il a été apporté en Europe par les Arabes ou Sarrasins.

214. A quelles plantes les graminées succèdent-elles facilement?

Les graminées, c'est-à-dire les céréales, n'épuisant que la surface de la terre, succèdent facilement aux plantes-racines et aux légumineuses qui prennent leur nourriture dans les profondeurs du sol.

215. Quelle semence faut-il choisir pour obtenir une bonne récolte?

« L'homme récoltera comme il aura semé,» dit l'Écriture sainte. Donc, pour obtenir une bonne récolte, il faut une semence recueillie dans un bon terrain, en parfaite maturité et bien conservée.

216. Quelle est la meilleure méthode de la semaille à la volée ?

La meilleure méthode de la semaille à la volée consiste à semer d'une main en allant et de l'autre en revenant, de façon à jeter toujours du même côté.

Plantes-racines.

217. Qu'entend-on par plantes-racines ?

Par plantes-racines, on entend les plantes dont les racines sont employées à l'alimentation.

218. Nommez les principales plantes-racines.

Les principales plantes-racines sont la pomme de terre, la betterave, la carotte, le navet et le topinambour.

219. D'où vient la pomme de terre ?

La pomme de terre est originaire d'Amérique, et a été introduite en Europe au XVIe siècle.

220. A qui était réservé l'honneur de propager la culture de la pomme de terre ?

Au baron Parmentier, agronome, né à Montdidier en 1737. Il vainquit les défiances injustes dont la pomme de terre était l'objet, et mérita ainsi la reconnaissance de la postérité.

221. A quelle époque la plantation a-t-elle lieu ?

La plantation des pommes de terre se fait en mars ou en avril.

222. Comment la plantation se fait-elle ?

Les pommes de terre se plantent en lignes espacées de 0 m, 50 à 0 m, 60.

223. Quel terrain convient à la pomme de terre ?

La pomme de terre aime un terrain sec, sablonneux et bien fumé.

224. Que faut-il faire lors de la récolte des pommes de terre ?

Il faut rentrer les pommes de terre aussi sèches que possible, et les conserver à l'abri des gelées.

225. Quel est le moyen de prévenir la maladie des pommes de terre ?

Le seul moyen qu'on puisse donner, c'est de n'employer que des tubercules bien sains et non dégénérés.

226. Quel rapport nutritif y a-t-il entre la pomme de terre et le blé ?

Sous le rapport nutritif, 6 kilogrammes de pommes de terre équivalent à 1 kilogramme de farine.

227. Comment la betterave se cultive-t-elle ?

La betterave se sème au printemps en lignes séparées par un intervalle de 0 m, 40 à 0 m, 50, sur un sol bien engraissé.

228. Quelle espèce d'engrais faut-il donner aux betteraves ?

Les engrais animaux et les engrais mixtes paraissont nuisibles aux betteraves destinées à la fabrication du sucre ; donc il faut employer, pour ces dernières, des tourteaux ou des récoltes enfouies en vert.

229. Quelles sont les qualités de la betterave ?

La betterave procure au bétail une excellente nourriture ; elle donne, en outre, aux distilleries une boisson estimée, quoique très-peu estimable, appelée improprement *eau-de-vie.*

230. Comment cultive-t-on la carotte ?

On sème la carotte au printemps sur un sol friable et riche, et l'on éclaircit le semis dès qu'elle a atteint la grosseur du doigt.

231. S'accommode-t-elle d'une fumure fraîche?

Non, une fumure fraîche provoque la bifurcation de la carotte.

232. Que faut-il observer dans la culture des navets ?

Semés après le solstice d'été (20 ou 21 juin), sur un sol meuble, les navets se développent jusqu'en hiver et se consomment à mesure des besoins.

233. Que dit-on du topinambour ?

Le topinambour se cultive comme la pomme de terre, il donne ordinairement une bonne récolte et convient particulièrement aux vaches dont il augmente le lait.

Légumineuses.

234. Qu'appelle-t-on légumineuses ?

On appelle légumineuses une nombreuse famille de plantes dont les graines se produisent dans une enveloppe nommée gousse, cosse ou silique.

235. Quelles sont les légumineuses les plus utiles?

Les légumineuses les plus utiles sont les fèves, les vesces, les haricots, les pois, les lentilles et certaines plantes fourragères.

236. Dites quelque chose de la fève.

La fève se sème au printemps, on la butte dès que les tiges ont atteint 0 m, 10 environ, et on la récolte quand les gousses prennent une teinte noire.

237. Dans quel terrain se plaisent les haricots et quand se sèment-ils ?

Les haricots se plaisent dans un terrain bien défoncé et un peu frais ; ils se sèment dès que les gelées sont entièrement passées.

238. Où sème-t-on les pois ?

On sème les pois dans un terrain léger et peu fumé.

239. Parlez des lentilles.

Les lentilles se sèment à la fin de mars, dans une terre légère, sablonneuse et bien préparée.

240. Citez, parmi les légumineuses, quelques plantes fourragères.

Voici quelques plantes fourragères qui appartiennent à la famille des légumineuses : le trèfle, le sainfoin, la luzerne et la lupuline ou minette dorée.

Prairies.

241. Comment divise-t-on les plantes fourragères ?

Les plantes fourragères se divisent en prairies artificielles et en prairies naturelles.

242. Qu'est-ce qu'une prairie artificielle ?

Une prairie artificielle est celle qui est due au travail de l'homme.

243. Qu'est-ce qu'une prairie naturelle ?

Une prairie naturelle est celle qui est engazonnée par la nature.

244. Par quelles plantes les prairies naturelles sont-elles occupées ?

Les prairies naturelles sont occupées par des plantes de tout genre, appartenant en grande partie à la famille des graminées.

245. A quoi reconnaît-on les bonnes prairies naturelles ?

Les bonnes prairies naturelles présentent à l'œil, en hiver, un vert franc ; au contraire, les prairies médiocres ont alors un aspect jaunâtre et brûlé.

246. Faut-il fumer les prairies naturelles ?

Il faut fumer les prairies naturelles, quand elles ne sont pas soumises au pâturage.

247. A quelle époque faut-il faucher les prairies ?

On procède au fauchage des prairies lorsque les herbes sont en fleurs.

248. Qu'est-ce qui contribue à la qualité du foin ?

Le foin est d'autant meilleur qn'on en a obtenu plus vite la dessiccation.

249. Comment distingue-t-on le bon foin ?

Le bon foin offre des tiges fines, flexibles et garnies de feuilles; il est d'un vert tirant sur le bleu et exhale une odeur agréable. Celui qui a un aspect grossier, une couleur vert-grisâtre, une odeur piquante, est médiocre ou mauvais.

Plantes industrielles.

250. Qu'est-ce que les plantes industrielles ?

Les plantes industrielles sont celles dont les produits sont transformés pour être ensuite livrés au commerce.

251. Comment se divisent-elles ?

Les plantes industrielles se divisent en plantes oléagineuses, en plantes textiles, en plantes tinctoriales et en plantes à produits divers.

252. Que produisent les plantes oléagineuses ?

Les plantes oléagineuses produisent les graines dont on extrait l'huile par la pression.

253. Nommez les principales plantes oléagineuses.

Les principales plantes oléagineuses sont le colza, la navette, le pavot ou œillette et la caméline.

254. Parlez du colza et de la navette.

On distingue deux variétés de colza et de navette : l'une, hâtive, dite de mars, se sème au printemps et mûrit dans le même été; l'autre, tardive, appelée colza ou navette d'hiver, se sème à la fin d'août, dans la proportion de 9 à 10 litres par hectare.

255. Parlez du pavot ou œillette.

Le pavot, communément appelé œillette, se sème à la fin de l'hiver et se récolte au mois d'août ; 2 à 3 kilogrammes de semence suffisent pour occuper un hectare.

256. Parlez de la caméline.

Semée au printemps, sur un sol riche, la caméline rapporte 15 à 20 hectolitres par hectare.

257. A quoi servent les huiles fournies par les plantes oléagineuses ?

Les huiles fournies par les plantes oléagineuses servent comme aliment, ou pour l'éclairage, pour la fabrication des savons, ainsi que pour la préparation des laines.

258. Que procurent les plantes textiles ?

Les plantes textiles procurent les fils dont on fait des tissus.

259. Nommez les principales plantes textiles.

Les principales plantes textiles sont le lin, le chanvre et le cotonnier.

260. Parlez du lin.

Le lin se sème au printemps dans une terre bien fumée, et l'on répand les graines d'autant plus épaisses que l'on veut obtenir de la filasse plus longue et plus fine; il faut semer clair si l'on veut que les graines soient la principale récolte. La maturité du lin se reconnaît à la chute d'une partie des feuilles.

261. Parlez du chanvre.

Le chanvre veut une terre parfaitement préparée, se sème en mai à raison de 2 à 3 hectolitres par hectare et donne, par son écorce, de la toile et des cordages.

Le chanvre est une plante dioïque, c'est-à-dire une plante qui porte les fleurs mâles sur certains pieds et les femelles sur d'autres.

262. Parlez du cotonnier.

Le cotonnier ne se cultive que dans les contrées où la température est assez chaude pour que l'oranger y puisse croître en plein air; il donne le coton qui est une des matières les plus utiles pour les vêtements.

263. Que fournissent les plantes tinctoriales?

Les plantes tinctoriales fournissent la teinture.

264. Nommez les principales plantes tinctoriales.

Les principales plantes tinctoriales sont la garance, le pastel, la gaude et le safran.

265. Quelle couleur donne la garance ?

Les racines de la garance donnent une couleur rouge.

266. Le pastel ?

Les feuilles du pastel donnent une couleur bleue.

267. La gaude ?

Les tiges et les fleurs de la gaude donnent une couleur jaune.

268. Et le safran ?

Le safran fournit aussi une couleur jaune.

269. Mentionnez quelques autres plantes industrielles.

La vigne qui donne le vin, le houblon qui sert à la fabrication de la bière, la chicorée sauvage dont la racine sert aux mêmes usages que le café, le mûrier dont les feuilles sont si utiles pour l'éducation des vers-à-soie, le tabac dont l'abus est si nuisible, etc., figurent encore au nombre des plantes industrielles.

L'assolement ou la distribution des plantes sur le sol.

270. D'où vient le mot assolement ?

Le mot assolement vient d'un mot latin signifiant sol.

271. Qu'est-ce que l'assolement ?

L'assolement est l'art de faire alterner les cultures sur le même terrain.

272. Quel est le principe général qui doit présider aux assolements ?

On doit faire succéder une plante améliorante à une plante épuisante.

273. Qu'est-ce qu'une plante améliorante ?

Une plante améliorante est celle qui prend peu au sol. Ex. : la pomme de terre, le trèfle.

274. Qu'est-ce qu'une plante epuisante ?

Une plante épuisante est celle qui reçoit du sol plus qu'elle ne lui rend. Ex. : l'avoine, le blé.

275. Quelle plante pourrait-on confier à un sol la première année ?

La première année, on pourrait confier à un sol la pomme de terre.

276. La seconde année ?

La seconde année, on donnerait à ce même sol l'avoine ou l'orge.

277. La troisième année ?

La troisième année, on y mettrait une plante fourragère.

278. Et la quatrième année ?

La quatrième année, on y sèmerait le blé.

279. Comment appelle-t-on un pareil assolement ?

Un pareil assolement s'appelle assolement de quatre ans ou quadriennal.

Les animaux utiles à l'agriculture.

280. Comment divise-t-on les animaux de ferme ?

Les animaux de ferme se divisent en plusieurs classes : l'espèce chevaline, comprenant les chevaux ; l'espèce bovine, comprenant les bœufs ; l'espèce ovine, comprenant les moutons ; l'espèce porcine, comprenant les porcs.

281. Quelles précautions faut-il prendre au sujet de la nourriture des animaux de ferme ?

Il faut donner aux animaux de ferme une nourriture abondante, varier leurs aliments et les leur distribuer à heures fixes.

282. Au sujet du logement ?

Les animaux ont besoin d'un air pur, et d'un espace suffisant pour opérer librement tous leurs mouvements ; il leur faut donc des locaux spacieux et bien aérés.

283. Au sujet de la propreté ?

« La propreté est la mère de la santé, » dit un proverbe. De là, nécessité de renouveler la litière du bétail, afin de le préserver de l'humidité.

284. Comment faut-il traiter les animaux ?

On doit traiter les animaux avec patience, sans brutalité et sans colère; c'est le meilleur moyen de les corriger et d'en faire de bons serviteurs. En effet, l'expérience a confirmé la maxime suivante formulée par La Fontaine :

« Plus fait douceur que violence. »

285. L'agriculture n'a-t-elle pas d'autres auxiliaires dans le règne animal ?

L'agriculture compte encore comme auxiliaires quelques petits mammifères et des oiseaux.

286. Quels sont les petits mammifères utiles à l'agriculture ?

Les hérissons, les chauves-souris, les musaraignes, les lézards, les crapauds, les taupes même, détruisent les mouches, les vers, les limaces qui mettent quelquefois presque à nu la surface des campagnes.

287. Quels sont les oiseaux dont on a reconnu l'utilité au point de vue agricole ?

La plupart des petits oiseaux et particulièrement les oiseaux insectivores, tels que les hirondelles, les roitelets, les mésanges, les rouges-gorges, les fauvettes, les becs-fins, les gobe-mouches, etc., détruisent, mieux que les échenilleurs les plus habiles, des myriades d'insectes nuisibles aux récoltes. M. Florent-Prévost, aide-naturaliste au muséum d'histoire naturelle, estime que la nourriture journalière de chacun de ces oiseaux s'élève, en moyenne, à 483 insectes malfaisants.

288. En dehors des oiseaux insectivores, n'en connaît-on pas encore qui veillent à la conservation des récoltes ?

Quelques oiseaux de la famille des rapaces nocturnes : chouettes, effraies, chats-huants, hiboux, etc., détruisent les souris et les mulots qui vivent aux dépens des récoltes engrangées. D'après M. Whitt, naturaliste anglais, un couple d'effraies anéantit journellement 150 rongeurs.

289. Quelle doit-être notre conduite à l'égard des insectivores ?

Les insectivores combattent un fléau redoutable à l'agriculture ; nous devons donc les protéger et chercher à multiplier leurs précieuses espèces, nous souvenant encore de cette parole de La Fontaine :

« On a souvent besoin d'un plus petit que soi. »

290. Notre intérêt moral ne s'unit-il pas à notre intérêt matériel pour nous porter à la douceur, et à la compassion envers les animaux ?

Celui qui pratique la douceur envers les animaux, se forme à la générosité, à la bienfaisance, à la justice, et travaille, par suite, à son perfectionnement moral.

Horticulture.

291. Qu'est-ce que l'horticulture ?

L'horticulture est la partie de l'agriculture qui a pour objet une culture plus productive des plantes à produits comestibles.

292. Nommez quelques plantes à racines comestibles.

Outre les plantes-racines dont il a été parlé précédemment, on peut encore nommer comme plantes à racines comestibles l'oignon, l'échalotte et l'ail.

293. Quand sème-t-on l'oignon ?

On sème l'oignon en mars à raison de 100 grammes par are, soit un gramme par mètre carré.

294. Pourquoi est-on forcé de pleurer en coupant l'oignon ?

Toutes les parties de l'oignon renferment une huile volatile, d'une odeur pénétrante, qui irrite les yeux et les force à pleurer.

295. Quelles sont les personnes qui doivent faire usage de l'oignon cru ?

A l'état cru, l'oignon n'a rien de nuisible pour les personnes qui mènent une vie active, ou qui se livrent à des travaux pénibles; mais les personnes délicates, d'un tempérament bilieux et irritable, doivent s'en abstenir.

296. Comment reproduit-on l'échalotte et l'ail ?

Pour reproduire l'échalotte et l'ail, on plante des caïeux, en lignes, à 0^{m},10 au plus de profondeur.

297. Comment peut-on neutraliser l'odeur de l'ail?

Pour neutraliser l'odeur de l'ail, il suffit de mâcher des feuilles de persil ou de cerfeuil.

298. Indiquez quelques plantes à tiges, à feuilles et à fleurs comestibles.

Les plantes dont on mange la tige, les feuilles ou les fleurs sont la salade, la chicorée endive, l'oseille, le poireau, le céleri, l'épinard, le chou et le chou-fleur.

299. Quand sème-t-on la salade?

On sème la salade au commencement du printemps.

300. Qu'est-ce que la chicorée endive?

La chicorée endive est la salade de l'arrière-saison; l'escarole est une variété de chicorée originaire de Hollande.

301. Comment se reproduit l'oseille?

L'oseille se reproduit par les semis, mais il est plus prompt de la multiplier par l'éclat des pieds.

302. Pourquoi faut-il la cultiver à l'ombre?

On cultive l'oseille à l'ombre pour la préserver de l'âcreté que lui procure le soleil.

303. Quel sol affectionne-t-elle?

L'oseille affectionne un sol léger, profond et un peu frais; la fiente de poule est un sûr moyen de la faire croître avec vigueur.

304. Sert-elle uniquement pour la cuisine?

On prépare encore avec l'oseille un acide particulier, l'acide oxalique, vulgairement appelé sel d'oseille, qui a la propriété d'enlever les taches d'encre ; ses feuilles servent de plus à écurer les vases de cuivre et d'étain, qu'elles rendent très-brillants.

305. Quand sème-t-on le poireau ?

On sème le poireau dès le mois de mars, et on le chausse avant l'hiver pour le faire blanchir.

306. Comment cultive-t-on le céleri?

Semé au printemps sur couche, le céleri se repique en lignes distantes de $0^m,25$. A mesure que les feuilles s'élèvent, on les réunit en faisceau pour chausser la plante, afin de la faire blanchir depuis le collet jusqu'à la plus grande hauteur possible.

307. De quelle manière se procure-t-on l'épinard ?

On peut se procurer l'épinard pendant une grande partie de l'année, en ayant soin d'en semer chaque mois, depuis mars jusqu'en novembre, dans un terrain meuble et substantiel.

308. Comment cultive-t-on le chou et le chou-fleur?

Le chou et le chou-fleur se sèment en pépinière au printemps, et se mettent en place, à $0^m,50$ de distance, dans une terre humide et bien fumée.

309. Faites connaître quelques plantes à fruits et à graines comestibles.

Je rappelle la fève, le haricot, le pois, la lentille, pour y ajouter le cornichon et le fraisier.

310. Parlez du cornichon.

On sème le cornichon au printemps, et on le récolte avant sa maturité pour le faire confire dans le vinaigre.

310. Quels vases faut-il employer pour préparer le cornichon ?

Il est nécessaire de se servir de vases de verre ou de porcelaine, pour que le cornichon ne devienne pas dangereux.

312. Quels soins demande le fraisier ?

Les soins à donner au fraisier se bornent à arroser dans les temps secs, à sarcler et à supprimer les filets ; pour avoir de beaux fruits, il faut renouveler les plants tous les 2 ou 3 ans.

313. Que savez-vous du persil, du cerfeuil et du thym ?

Le persil, le cerfeuil et le thym sont employés pour les assaisonnements.

Arboriculture.

314. Qu'est-ce que l'arboriculture ?

L'arboriculture est la partie de l'agriculture qui concerne la culture des arbres.

315. Comment reproduit-on les arbres ?

Les arbres se reproduisent par la graine, par la marcotte, par la bouture et par la greffe.

316. Qu'est-ce que la marcotte ?

La marcotte est une branche recourbée et mise en terre pour y pousser des racines, pendant qu'elle tient encore à la plante-mère.

317. Qu'est-ce que la bouture ?

La bouture est une branche détachée de la tige, que l'on plante en terre pour qu'elle prenne racine et produise un nouveau sujet.

318. Qu'est-ce que la greffe ?

La greffe est une branche que l'on enlève à un végétal, et que l'on implante sur un nouvel individu.

319. Enoncez les principales sortes de greffes.

Il y a la greffe en fente, la greffe en couronne, la greffe par approche et la greffe en écusson.

320. Le pied des arbres fruitiers n'exige-t-il pas des soins particuliers ?

La terre située au pied des arbres fruitiers doit être meuble et libre de gazon, afin de permettre à l'air et à la chaleur de pénétrer jusqu'aux racines.

TABLE

Lille, Imp Horemans.

Lille, imp. Horemans.

www.ingramcontent.com/pod-product-compliance
Ingram Content Group UK Ltd.
Pitfield, Milton Keynes, MK11 3LW, UK
UKHW022129260726
13993UKWH00003B/1333

9 782329 573755